ウイルス・感染症と
「新型コロナ」後のわたしたちの生活 ❶

人類の歴史から考える!

監修／山本太郎 長崎大学熱帯医学研究所国際保健学分野教授

著／稲葉茂勝 子どもジャーナリスト Journalist for Children

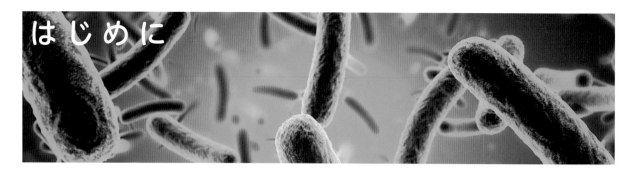

はじめに

　2020年夏、世界中が新型コロナウイルス感染症のパンデミック（世界的大流行）の真っ只中となりました。これは、この冬に突如あらわれた人類にとって未知のウイルスの仕業です。6月末には感染した人は世界全体で1000万人を突破し、亡くなった人は50万人をこえました。その後も増加しつづけています。

　人類の歴史は、感染症とのたたかいの歴史。古代から人類は、さまざまな感染症の流行とたたかってきました。たたかいに敗れて、文明がほろんだこともありました。一方、人類は英知と勇気で感染症に打ち勝つこともありました。今回の感染症に対しても乗りこえることができるでしょう。

　そうはいっても、感染症はこわい。日本では、全国の学校がいっせいに休校になりました。大人も会社にいかないで家で仕事をするようになりました。多くのお店が休業になりました。しばらくして学校がはじまりましたが、以前のような学校ではなくなりました。いつまた感染が広がるかわからないため、こわごわ状態です。

　こうした時代にくらすわたしたちは、どうすればいいのでしょうか？

　感染を広げないために、マスク、手洗い、「3密」（3つの密＝密閉、密集、密接）をさけるソーシャル・ディスタンスなどがいわれています。でも、わたしたちにできることは、それだけなのでしょうか？

　「あれ？　うがいは？」　毎年インフルエンザが流行すると、いつもうるさくいわれるのが、うがいです。でも、なぜ新型コロナウイルス感染症では、うがいをいわれないのでしょうか？　インフルエンザと同じ感染症なのに？

　このシリーズは、こうしたなかで「わたしたちにできることは何か？」を考える本として企画しました。「わたしたちにできること」、それは、一言でいうと、「正しい知識をもつこと」。感染症について、しっかり学ぶことです。わたしたちは、そのためのテキストを、さまざまな視点からまとめることにしました。そして、もう1つのできることを、みなさんといっしょにやっていきたいと願いました。それは、「正しくこわがること」です。

　かつて、ハンセン病という感染症が世界中で見られました。そのこわさから、その患者さんを差別したり、攻撃したりした歴史があります。知識がなかったために、まちがってこわがったのです。

　みなさんには、この本で感染症についての正しい知識を身につけてもらい、正しくこわがり、いっしょに感染症とたたかってもらいたい、と願ってやみません。なお、シリーズの構成は、次のとおりです。

『ウイルス・感染症と「新型コロナ」後のわたしたちの生活』
第1期　①人類の歴史から考える！
　　　　②人類の知恵と勇気を見よう！
　　　　③この症状は新型コロナ？
第2期　④「疫病」と日本人
　　　　⑤感染症に国境なし
　　　　⑥感染症との共存とは？

子どもジャーナリスト
Journalist for Children　稲葉茂勝

もくじ

多様な生き物が長い時間のなかで誕生した
歴史と関係を表現した「生命誌絵巻」。
原案：中村桂子　協力：団まりな　画：橋本律子
提供：JT生命誌研究館

1 生物と感染症

感染症は、人類が誕生するはるか昔から地球上に存在し、
今にいたるまで人類をおびやかしてきました。

感染症の歴史

「感染症」とは、微生物が人体に侵入して引きおこす病気のことで、感染症を起こす微生物を「病原体」とよびます。微生物には病原体でないものもあります。「病原体」は、大気、水、土、動物などの中にいる、病気を起こすとても小さな生き物（微生物）で、大きさと構造によって、ウイルス、細菌、真菌、寄生虫などに分類されます。

これらの病原体は、地球上に生命が誕生したときから存在してきました。ということは、感染症の歴史もそれと同じくらい長いといえます。

そもそも「歴史」とは、過去の文献に基づいて、過去の時代にあったできごとを研究する学問のこと。ですから、人類が文字を発明する前には、歴史がないことになります。歴史が記録されていない時代を「先史時代」といいます。

先史時代のことを知るには、文字以外で記録されたことを調べなければなりません。その方法の1つが、考古学です。「考古学」は、化石や

遺物などを調べて文字のない時代（先史時代）を研究する学問です。先史時代の感染症も、考古学によって知ることができます。

　また、生物学からも、大昔のできごとがわかります。

　「生物学」では、人類は、1億年から7千万年前に地球上に出現した最初の霊長類から分化したと考えます。その後、500万年前に類人猿から分化したヒトの祖先は、直立二足歩行をするようになり、複雑な進化の段階を経て、20万年

ほど前に現在の人類の直接の祖先であるホモ・サピエンスが出現したことがわかっています。

　感染症を引きおこす病原体は、人類の歴史よりもはるか昔、地球上に生命が誕生して以来、生物の進化とともに存在しつづけてきました。

　なお、病原体となる微生物の誕生は、35億年前とも40億年前ともいわれています。

このページに書いてあることは、感染症について考えていく上で、しっかり頭に入れておいてください。

② ミイラに残る感染症のあと

大昔、人類が感染症に苦しめられていたことは、現在に残る
人骨やミイラなどに、その証拠が残っています。

ミイラからは

紀元前の古代エジプト文明や古代メソポタミア文明の遺跡からは、いろいろな感染症の証拠が発見されています。その1つに「結核」の証拠があります。

結核を引きおこす「結核菌」は、地球上でもっとも古く、もっとも広く分布していたと考えられています。大昔の人骨から、結核の痕跡が見つかったのです。一番古いものは、紀元前5000年ごろにまでさかのぼることがわかっています。

紀元前1000年ごろの古代エジプトのミイラからは、「骨結核」の痕跡が認められています。また、紀元前600年ごろの古代エジプトのミイラからも、結核の痕跡が見つかりました。

それから時代が下り、紀元1世紀前半の男性の骨からは、結核菌のDNAが検出されました。中国三国時代の魏の曹操*も死因は結核だといわれています。

*中国の、魏・呉・蜀の三国が分立した三国時代（220〜280年）に、魏の基礎をかためた武将。

もっとくわしく

結核

結核は、結核菌によって引きおこされる感染症。感染力が強く、空気感染する。結核は、肺に発症することが多いが、ほかの臓器や脳、目、骨などでも発症する。現在、世界中で年間約150万人が結核で命を落としているが、人類は太古の昔から結核に苦しめられてきた。

肺結核の症状は、せきやたん、発熱（微熱）などの症状が長く続く。体重が減る、食欲がない、寝汗をかくなどの症状もある。ひどくなると、だるさや息切れ、血のまじったたんなどが出はじめ、喀血（血を吐くこと）や呼吸困難に陥って死にいたることもある。

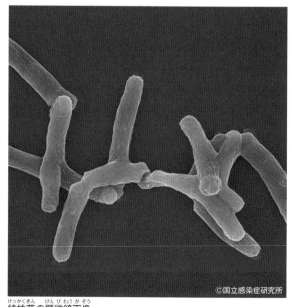

©国立感染症研究所

結核菌の顕微鏡画像。

天然痘のような痕跡が確認された、
古代エジプトの王・ラムセス5世のミイラ。
写真提供：ユニフォトプレス

もっとくわしく

天然痘

天然痘は、ラムセス5世のミイラからわかるとおり、古代から人類を苦しめてきた感染症だ。症状は、急激な発熱や頭痛、悪寒があらわれる。その後、口の中やのどの粘膜に発疹が出現し、顔面や手足、全身に発疹が広がる。

天然痘の発疹は、同一時期にはすべて同じ形態であるのが特徴的。かつて天然痘は世界中で流行していたが、「種痘」という予防法が全世界に普及。1980年5月、WHO（世界保健機関）により「根絶宣言」が出されるにいたった。

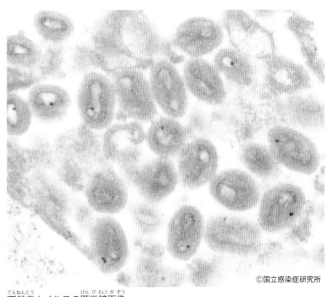

©国立感染症研究所

天然痘ウイルスの顕微鏡画像。

天然痘やその他の感染症

古代エジプト文明の遺跡からは、天然痘にかかって紀元前1157年に亡くなったと考えられるラムセス5世のミイラが発見されました。その結果、定説ではこれが天然痘の起源を示す最古のものとされています。

そもそも古代文明には、感染症の流行がよく起こる条件が整っていたといえるでしょう。定住して農耕をおこなうことで、安定的に食べ物が生産できるようになり、人口がふえたからです。1か所に密集して定住する生活は環境を悪化させ、糞便に触れる機会がふえることで、寄生虫感染もふえたでしょう。さらに、野生動物の家畜化は、感染症をふやす結果をまねいたと考えられます。天然痘も、もともとは牛の感染症でした。

古代文明がおこった地域。

ユーフラテス川

メソポタミア文明

チグリス川

エジプト文明

ナイル川

インダス川

インダス文明

黄河

中国文明

長江

③ 文字で記されるようになると

人類は、文字が発明されると、感染症についても記録するように
なります。人類の歴史が感染症とのたたかいの歴史であることが、
さまざまな文献から知ることができます。

パピルスに書かれた感染症

「パピルス」は、植物でつくった紙のようなもので、古代エジプトでつかわれていました（紙paper の語源）。

当時のパピルスのなかには、「ハンセン病（らい病）」（→p15）についての記述も発見されています。人間が最初に認識した感染症は、ハンセン病であったともいわれています。

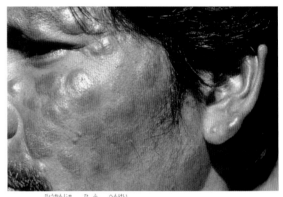

ハンセン病患者は皮膚が変形することがある。

『ギルガメシュ叙事詩』

感染症の歴史を記録したものとして現存するもっとも古いものは、古代メソポタミア文明の遺跡から出土した、くさび形文字がきざまれた粘土板です。この粘土板は12枚からなり、くさび形文字が解読された結果、伝説的な王ギルガメシュ（実在したかどうかは不明）について書かれたものだということがわかりました。そのため、『ギルガメシュ叙事詩』とよばれるようになりました。この叙事詩には、4つの災いの1つとして感染症について記されています（感染症の種類は不明）。

くさび形文字がきざまれた粘土板。

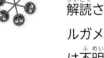

ペロポネソス戦争中の紀元前415年から紀元前413年にかけて
アテナイが実施したシケリア（現シチリア島）遠征のようす。

「アテナイの疫病」とは

「疫病」とは感染症のことです。古代の感染症についてくわしい資料が残っているのが、紀元前430年ごろに古代ギリシャの歴史家トゥキディデスが書きはじめた『戦史』です。この本には、次のような内容が記されています。

古代ギリシャ最強の都市国家アテネとスパルタが戦った「ペロポネソス戦争」（前431〜前404年）の際、アテネでは「アテナイの疫病」とよばれた病気が流行。人口の4分の1が死んだ。アテネが降伏したのはそのせいだった。

「アテナイの疫病」とよばれる病気が何であったのかについてはさまざまな説があって、はっきりしていませんが*、アテネはスパルタに負けたのではなく、感染症に負けたことがわかります。

なお、その『戦史』は、そうしたことについて記された人類史上最初の記録だといわれています。人類は、そのようなことを、その後も世界のあちこちでくりかえします。第一次世界大戦中の「スペインかぜ」（→p24）もその一例です。

もっとくわしく

麻疹

現在の日本では、麻疹は軽い病気だと思われているが、インフルエンザよりずっと感染力が強く、免疫のない人にとっては、肺炎や脳炎なども引きおこす可能性もある感染症である。症状としては、発疹が耳の後ろや顔から出はじめ、2日後には全身に広がり、高熱が3〜4日続くなどが見られる。

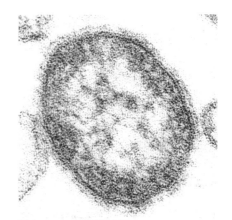

麻疹ウイルスの顕微鏡画像。

* かつてはペストだと思われていたが、病状からその説は否定された。今は、発疹チフス、天然痘、麻疹説が残っている。

皮膚病の人が清められている場面を描いた絵。

旧約聖書にある「感染症」の記述

　「旧約聖書」とは、ユダヤ教、キリスト教の正典のこと。2世紀になってからつかわれる「新約聖書」に対し、「旧約」という言葉でよばれるようになりました。それには、神の「天地創造」にはじまり、1000年間におよぶユダヤ民族の歴史が記されています。感染症に関しては、次のような記述があります。

　もし皮膚に湿疹、斑点が生じて、皮膚病の疑いがある場合、その人を祭司のところへ連れていく。祭司は、患者を施設にとめおく。

　皮膚病の人が清い者とされるときのおきては次のとおりである。祭司は清い小鳥二羽と香柏の木と緋の糸とヒソプを取ってこさせ、その小鳥の一羽を流れ水を盛った土器の上で殺させ、そして生きている小鳥を……

　この皮膚病が何であるかは、はっきりとはわかっていません。ただ、「患者を施設にとめおく」とあり、病状だけでなくそれへの対策である隔離についても書かれています。

旧約聖書の「レビ記」の部分。

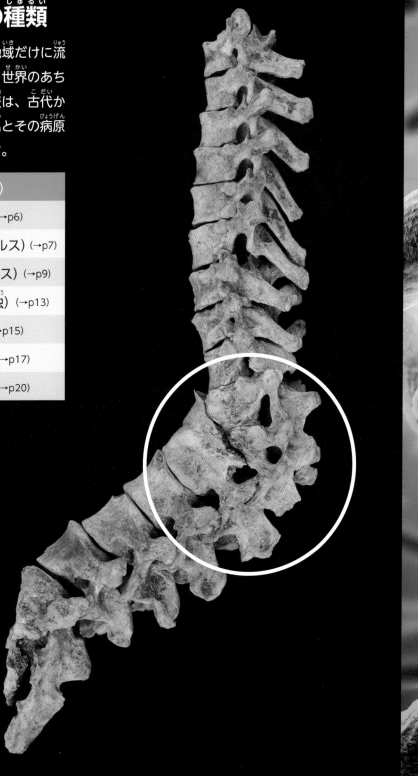

紀元前から流行をくりかえしてきた感染症

人類の命をおびやかしてきた感染症について、
文字で書かれた記録はたくさん見つかっていますが、
それらがどんな感染症であったかは完全にはわかっていません。

大昔からある感染症の種類

　1つの感染症は、ある時代に、ある地域だけに流行するわけではなく、ほかの時代に、世界のあちこちでくりかえし流行します。下の表は、古代から何度も人類をおそってきた感染症名とその病原体（種類）をまとめて記したものです。

感染症名	病原体（種類）
結核	結核菌（細菌）（→p6）
天然痘	天然痘ウイルス（ウイルス）（→p7）
麻疹	麻疹ウイルス（ウイルス）（→p9）
マラリア	マラリア原虫（寄生虫）（→p13）
ハンセン病	らい菌（細菌）（→p15）
ペスト	ペスト菌（細菌）（→p17）
コレラ	コレラ菌（細菌）（→p20）

水田稲作の起源地である中国・上海市の遺跡から出土した、結核症の痕跡がある女性人骨の背骨。円内がその痕跡があるところ。

提供：岡崎健治（鳥取大学医学部）

4 「マラリアの道」とは？

広大な地域を支配していたローマ帝国には、人や物が集まってきていました。それとともに、いろいろな感染症もやってきました。マラリアもその1つです。

すべての道はローマに通ず

紀元前に都市国家としてはじまったローマは、初代皇帝となるオクタヴィアヌスが「アウグストゥス」の称号を得た紀元前27年に「ローマ帝国」となりました。その後、最盛期の五賢帝時代（96〜180年）*には、北はブリタニアから南はシリアまでを領地とし、繁栄を続けていました。

ローマ帝国の全盛期、世界各地からの道が首都ローマに通じていました。そのため、物事が中心に向かって集中することのたとえとして、「すべての道はローマに通ず」といわれたのです。

そして、世界各地の風土病（限られた地域だけに流行していた病気）も、ローマに集まってきたのです。

ローマは「悪疫の都」といわれることもありました。

＊五賢帝時代：5人の皇帝（ネルウァ、トラヤヌス、ハドリアヌス、アントニヌス・ピウス、マルクス・アウレリウス）が在位した、ローマ帝国はじまって以来の平和と繁栄がおとずれた時代。トラヤヌス皇帝の時代に、ローマ帝国の領土は最大となった。

イタリアのローマと南イタリアを結ぶ古代ローマのアッピア街道。

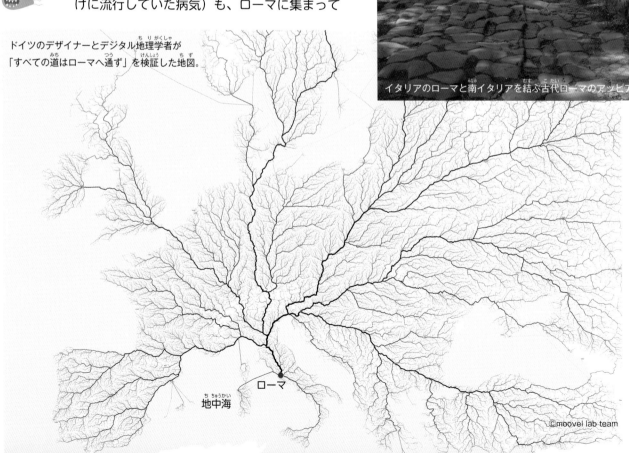

ドイツのデザイナーとデジタル地理学者が「すべての道はローマへ通ず」を検証した地図。

ローマ

地中海

©moovel lab team

帝国衰退の一因

　繁栄をきわめていたローマ帝国も、2世紀末からは衰退しはじめます。そして395年、東西に分裂。東ローマ帝国（ビザンツ帝国→p16）は1453年まで続きましたが、西ローマ帝国は476年に滅亡。その一因として、感染症の存在が指摘されています。たびたび起こる感染症の流行によって、帝国の力が弱っていったというのです。

　当時流行した感染症には、マラリアや腸チフス、赤痢などがありました。とくにマラリアの被害は甚大で、ローマの人口を急激に減らしたのです。

　マラリアは、はじめはローマを中心に流行していましたが、ヨーロッパの地中海沿岸地域に流行が拡大。のちに、ローマ帝国の広い範囲に広がっていきました。

もっとくわしく

マラリア

　マラリアは、イタリア語で「悪い（マル）空気（アリア）」という意味。ハマダラカという蚊にとりついた「マラリア原虫」という寄生虫により感染する。症状は、悪寒、頭痛、嘔吐、40度前後の高熱、意識低下などで、死にいたることもある。現在、三大感染症（AIDS・結核・マラリア）の1つとされている。経済的な先進国ではほとんど流行はないが、2015年にはサハラ以南のアフリカを中心とする95の国と地域で2億人以上がかかり、44万もの人が死亡したといわれている。

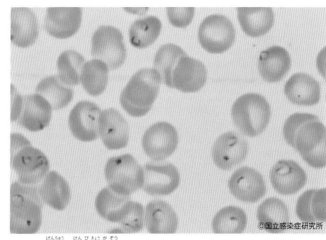

©国立感染症研究所

マラリア原虫の顕微鏡画像。

●ローマ帝国の領域

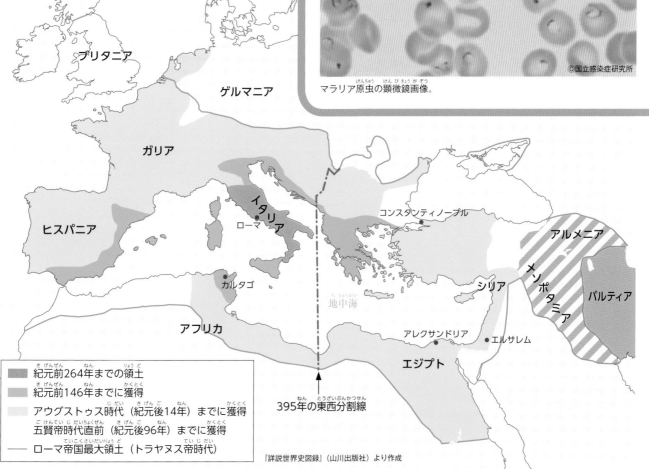

ブリタニア
ゲルマニア
ガリア
ヒスパニア
イタリア
ローマ
カルタゴ
アフリカ
地中海
コンスタンティノープル
アルメニア
メソポタミア
パルティア
シリア
アレクサンドリア
エルサレム
エジプト

395年の東西分割線

■ 紀元前264年までの領土
■ 紀元前146年までに獲得
□ アウグストゥス時代（紀元後14年）までに獲得
□ 五賢帝時代直前（紀元後96年）までに獲得
── ローマ帝国最大領土（トラヤヌス帝時代）

『詳説世界史図録』（山川出版社）より作成

5 ハンセン病の歴史

ハンセン病は「人間が認識した最初の感染症」といわれ、古代エジプトの記録に残っています。その後、「悪魔の病気」ともいわれ、おそれられてきました。

ハンセン病の歴史的証拠

ハンセン病の痕跡は、各地の古代遺跡から多く発見されています。インド北西部で発掘された紀元前4000年の人骨や、紀元前3500年の古代エジプトのミイラからも、ハンセン病のあとが見つかっています。

文字として残されたものとしては、中国の論語や、紀元前600年ごろのインドの古文書にハンセン病の症状が記されています。

紀元前334年におこなわれたマケドニアのアレクサンドロス大王の遠征や、その後の船乗りや商人、探検家などの移動により、東方のハンセン病がギリシャにもちこまれて、やがてヨーロッパやイベリア半島の地中海沿岸地域や北ア

フリカに広がっていったと考えられています。

4世紀から6世紀ごろには、ローマ・カトリック教会による患者の救済がはじまったという記録も残っています。

時代が下り中世になると、ヨーロッパのキリスト教会が、十字軍＊を各地へ派遣します。すると、十字軍が遠征先からもちかえったハンセン病がヨーロッパに広がり、13世紀には流行のピークとなりました。

＊「十字軍」とは、キリスト教徒が聖地エルサレムをイスラム教徒から奪還する目的でおこなわれた遠征軍のこと。11世紀末から13世紀にかけての約200年間に7回もおこなわれた。ただし「聖地奪還」という当初の目的は変化し、あちこちで略奪がおこなわれた。そうした十字軍により、ヨーロッパのキリスト教国にハンセン病がもちこまれた（第1回十字軍のとき、十字軍がつくった国、エルサレム王国の国王ボードワン4世もハンセン病にかかっていたといわれる）。

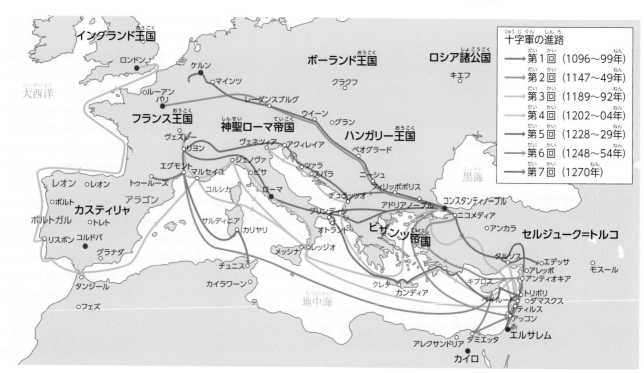

「悪魔の病気」

ハンセン病は、死にいたる直接の原因となることはなく、感染力もほかの感染症にくらべて弱いことがわかっています。感染してもすぐには発症せず、長い時間をかけて症状があらわれてきます。しかし、発症すると顔や手がただれてしまうことなどがあり、そのようすを人びとがこわがったことから、「悪魔の病気」といわれて患者は差別されつづけました。

まだ正しい医学的知識や完治する治療法がなかった時代には、ハンセン病を防ぐには患者を社会から追放するほかないと考えられていました。先頭に立って患者たちの追放にあたったのは、キリスト教会でした。また同時に、患者たちを療養所に収容し、看護にあたったのもキリスト教会でした。

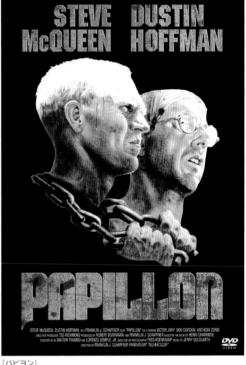

『パピヨン』（1992年のアメリカの映画）には、逃亡生活をする主人公がハンセン病患者たちがひっそりくらす村にいき、その代表に偏見をもたずに話しかけたことから、村人たちに助けられるといった場面がある。

『パピヨン』
BD&DVD8月5日発売
BD／KIXF-778／¥2,500+税
DVD／KIBF-1775／¥1,900+税
発売・販売：キングレコード

©Cnyborg

中世のヨーロッパでは、ハンセン病患者は一般の人たちから隔離されて、出歩くときは、自分の存在を周囲の人に知らせるために、鐘や鈴をもたされた。

もっとくわしく

ハンセン病

ハンセン病は、「らい菌」という病原体により感染。これは、結核菌（→p6）と同じく「マイコバクテリウム」とよばれる細菌の一種。ハンセン病が発症すると皮ふや神経に影響があらわれ、痛みなどの感覚が鈍感になる。ときには顔が変形するので、見た目からこわがられ、差別が起こった。日本にもそのような歴史があった。

らい菌（赤く染まっているもの）の顕微鏡画像。

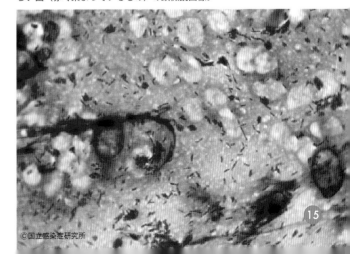

©国立感染症研究所

15

6 5世紀の東ローマ帝国から 14世紀モンゴル帝国まで

歴史上、ヨーロッパで爆発的に流行した感染症といえば、なんといってもペストです。5世紀からおよそ1000年のあいだに数回にわたり大流行しました。

マラリアで滅亡、ペストで復活ならず

ペストの最初の大流行は、西ローマ帝国がマラリアのまん延により滅亡（476年→p13）してしばらくした542年、一方の東ローマ帝国（ビザンツ帝国）で起こりました。

コンスタンティノープル（現在のトルコの都市イスタンブール）では、最大で1日1万人の死者が出て、人口が半分になったといわれています。

このため、当時のビザンツ帝国皇帝ユスティニアヌスは、ローマ帝国の復活をくわだてていたのですが、あえなく断念したといいます。

ビザンツ帝国の第2代皇帝ユスティニアヌス1世のモザイク画。

トルコの都市イスタンブールにある大聖堂アヤソフィア。537年にユスティニアヌス1世によって建てられた。

14世紀の大流行

　ペストの最大規模の流行は、14世紀のなかばに起こりました。そのころ、アジアとヨーロッパの交易がさかんになっていたため、ペストの流行はヨーロッパからアジアのモンゴル帝国にうつりました。

　当時モンゴル帝国は、中国から中東、東ヨーロッパへと勢力を広げ、東西を結ぶ大動脈だった、中央アジアを横断する交通路「シルクロード」をほぼ支配していました。人びとはこのシルクロードを通ってアジアとヨーロッパを行き来していました。

　アジアからは絹（シルク）のほか香辛料、漆器、紙などが、ヨーロッパからは宝石、ガラス製品、金銀細工、毛織物などが運ばれ、さかんに取りひきされていました。

　こうしたなか、人びとの移動にともなって、ペスト菌をもったネズミやその血を吸ったノミも移動。ペストの流行が拡大します。

　ペストはどこからはじまったのか？　中央アジアが感染のはじまりだったとも、中国がはじまりだったともいわれていますが、いずれにしても、感染拡大はコンスタンティノープルまでおよびました。そして、ここからは陸路と海路がヨーロッパ各地の港や都市につながっていたため、ペスト菌が一気にヨーロッパ中に広がり、大流行となったと考えられています。

●シルクロード

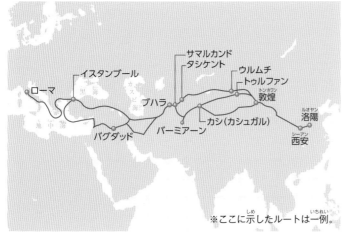

※ここに示したルートは一例。

ペスト

　ペストは、皮ふに黒い斑点やはれものができることから「黒死病」とよばれた。14世紀の世界的大流行では、ヨーロッパだけでも全人口の3分の1から3分の2にあたる2000万〜3000万人が死亡。全世界では8500万人が死亡したという資料もある。ペストにも種類があり、突然の高熱、頭痛、悪寒、筋肉痛などがあらわれる「腺ペスト」や、急激なショック症状、四肢の壊死（体の組織や細胞が局部的に死ぬこと）、紫斑などが出る「敗血症型ペスト」がある。

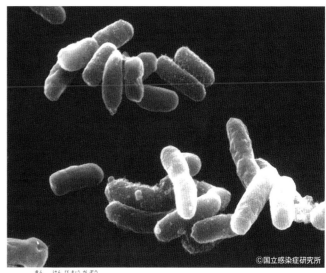

©国立感染症研究所
ペスト菌の顕微鏡画像。

ペストの大流行により、多くの死体が積みかさなっているようすが描かれた絵画。

7 15世紀末からの感染症大流行

15世紀といえば、大航海時代。世界中が海でつながっていきます。
ヨーロッパの国ぐにの船が世界各地へ出かけ、「おみやげ」として
感染症をヨーロッパにもちかえりました。

コロンブスが
もちかえった梅毒

ヨーロッパの国ぐには新しい領土や資源を求め、きそって海をわたりました。この時代が「大航海時代」です。

クリストファー・コロンブスひきいる探検隊は、1492年にカリブ海の島じまに到達。これが世界史にきざまれる新大陸発見です。ところが、その一大事件のかげで、コロンブスは1493年、こまった「おみやげ」をもってスペインのバルセロナにもどってきたのです。それが「梅毒」といわれる感染症です。これは、南北アメリカ大陸の風土病（→p12）で、コロンブス一行によってヨーロッパにもちこまれたといわれています（ただし、ほかの説もあって、はっきりしていない）。

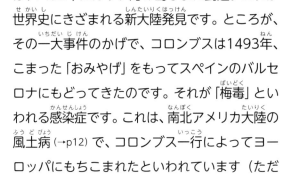

その後、梅毒はヨーロッパ全土へ広がりました。一時期、フランスの首都パリでは市民の3分の1が梅毒にかかっていたといわれるほどまん延しました。

もっとくわしく
梅毒の症状

梅毒は、「梅毒トレポネーマ」という細菌による感染症で、おもに性交渉により感染する。梅毒の進行は4期に分かれる。第1期では、陰部や口のまわりにかたいしこりができ、第2期で、全身のリンパ節がはれ、皮ふが赤くただれる。第3期では、顔、骨、筋肉、内臓などにこぶができるなどする。10年以上たち第4期になると、脳や神経がおかされ、死にいたる。

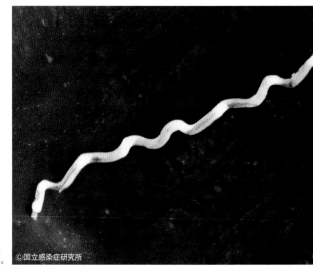

梅毒トレポネーマの顕微鏡画像。©国立感染症研究所

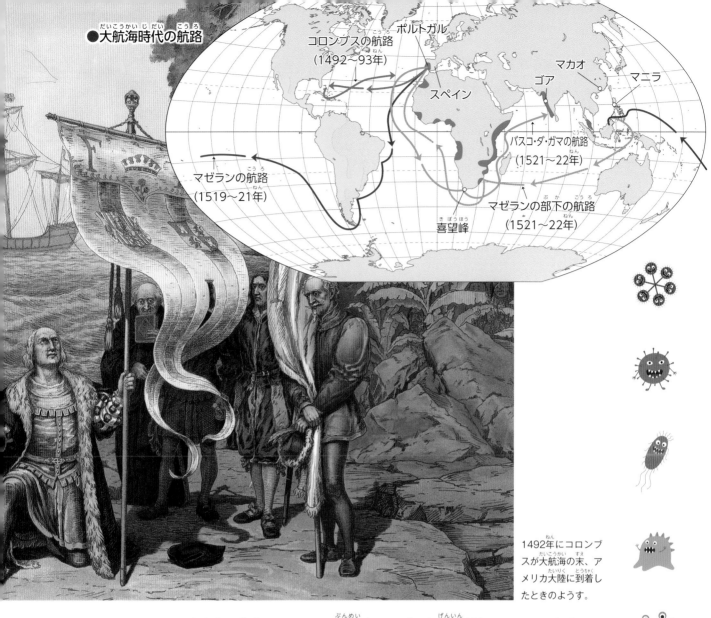

●大航海時代の航路

コロンブスの航路
(1492〜93年)

ポルトガル

スペイン

マカオ
ゴア
マニラ

バスコ・ダ・ガマの航路
(1521〜22年)

マゼランの航路
(1519〜21年)

マゼランの部下の航路
(1521〜22年)

喜望峰

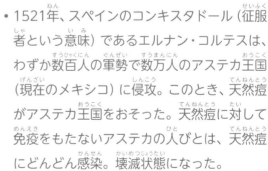

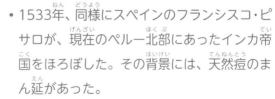

1492年にコロンブスが大航海の末、アメリカ大陸に到着したときのようす。

ヨーロッパから新大陸へ

大航海時代、新大陸に住んでいた人びとは、ヨーロッパの感染症に対する免疫がなく、感染拡大を防ぐ方法も知りませんでした。このため、コロンブスの例とは反対に、ヨーロッパから新大陸に感染症がもたらされると、そこで一気に感染拡大が起こりました。

新大陸からもたらされた梅毒がヨーロッパで大流行したのと同じように、新大陸でもヨーロッパからもたらされたいろいろな感染症が急速に拡大しました。当時、新大陸へ運ばれた感染症には、コレラ、インフルエンザ、マラリア、麻疹、ペスト、天然痘、結核などがあったといわれています。そのなかでも天然痘は、中央・南アメリカのアステカ王国とインカ帝国という2つの

文明をほろぼした原因だといわれています。そのようすは次のようでした。

・1521年、スペインのコンキスタドール（征服者という意味）であるエルナン・コルテスは、わずか数百人の軍勢で数万人のアステカ王国（現在のメキシコ）に侵攻。このとき、天然痘がアステカ王国をおそった。天然痘に対して免疫をもたないアステカの人びとは、天然痘にどんどん感染。壊滅状態になった。

・1533年、同様にスペインのフランシスコ・ピサロが、現在のペルー北部にあったインカ帝国をほろぼした。その背景には、天然痘のまん延があった。

このように当時、新大陸の人びとは、ヨーロッパからもちこまれた天然痘やそのほかの感染症のせいで、征服されていったといわれています。

8 世界的な人の移動が感染症の世界的大流行へ

かつてシルクロードによって東西の世界が結ばれました。そして大航海時代を経て、さらに世界中が交流するようになりました。すると、感染症も……。

コレラの世界的大流行

大航海時代（→p18）から20世紀後半にかけて、ヨーロッパの国ぐにはきそって植民地の獲得に乗りだします。すると、本国と植民地間で人や物の移動がさかんになり、それにともなって、感染症の流行も世界的になっていきます（パンデミック→p30）。

「コレラ」はもともと、インドのガンジス川下流域のベンガル地方の風土病でした。イギリスがインドを植民地にしたことで、コレラがイギリスにもちこまれ、さらにイギリスが世界各地にコレラを運んでいきました。次はそのようすです。

- 1817年にインドのカルカッタ（現コルカタ）からはじまったコレラの流行は、イギリスが侵略した東南アジアにも広がった。

インド由来のコレラに対する注意喚起と治療法を知らせる、1831年にイギリス・ロンドンで配られたチラシ。

- 1821年には、中東から東アフリカへ。そして、中国沿岸、日本にも上陸した。
- 1826年には、ヨーロッパ全土へ広がり、さらにロシア、南北アメリカへと広がった。
- 1830年、イギリスの港町リバプールと内陸のマンチェスターのあいだに鉄道が開通。人の移動がさかんになり、翌年、イギリスのコレラ流行はピークとなった。14万人が亡くなったと記録されている。
- 1837年までには世界中で大流行。

もっとくわしく

コレラ

コレラは、コレラ菌という細菌が飲み水などにまじって人体に侵入することで発症する。症状は、突然の高熱、嘔吐、下痢、脱水症状などがあり、あっというまに死にいたる。

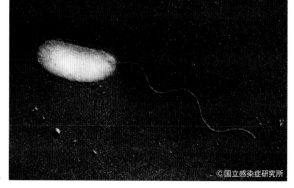

コレラ菌の顕微鏡画像。

©国立感染症研究所

19世紀後半、イギリスのスラムの結核患者のようす。
写真：INTERFOTO / Alamy Stock Photo
写真提供：ユニフォトプレス

結核の再興

　結核が古代からあったことは、紀元前の古代エジプト文明や古代メソポタミア文明の遺跡からわかっています。その後、数千年を経て、感染の規模もけたちがいに拡大。それは、人びとの交流の範囲が古代とはまったくちがってきたことによります。

　14世紀以降になって、結核が再興。世界各地で何度も流行しました。産業革命後には、イギリスで大流行し、1830年ごろのロンドンでは、結核により5人に1人が亡くなるほどになりました。

　17世紀から19世紀には、ヨーロッパや北アメリカでの死因の20%が結核によるものだったといわれています。

　結核は、せきやくしゃみで人から人へうつるので、人口密度の高い都市ほど多くの人が結核に感染。感染力が強く死者が多いことと、貧血のため肌が白くなることから、当時は「白いペスト」とおそれられました。ところが、肌が青白くなることで女性が美しく見えるなどといわれたり、当時流行していた下の絵のような服装が細菌を家にもちかえる原因となるとか、コルセットが血流を悪くして肺結核を悪化させるなどといわれたりしました。

　なお、結核は近年でも流行をくり返していることから、再興感染症とよばれています（→p29）。

19世紀に女性のあいだで流行したファッション。

9 戦争と感染症

19世紀、ヨーロッパの国ぐには、植民地獲得のためにあちこちで戦争を起こしました。戦場は、敵国とのたたかいだけではなく、感染症とのたたかいの場にもなりました。

人が「密」になる

古代ギリシャでのアテネとスパルタの戦争で、アテネはスパルタに敗れたのではなく、感染症に負けたと考えられています（→p9）。また、大航海時代に攻めこんできたスペインと戦った中央・南アメリカのアステカ王国とインカ帝国も、ともにスペインに敗れたのではなく、感染症に負けたのだといわれています。

戦場では、兵士が集団となって行動しなければなりません。そこでは、兵士は「密」になっているため、1人が感染すると、またたくまに全体に感染が拡大。また、戦場は生活環境も栄養状態も最悪。体力の消耗、精神的ストレスにより、免疫力が低下し、感染症に感染しやすくなります。このため、多くの戦場で、戦死ではなく、感染症にたおれる兵士が多くなるのです。

19世紀の戦場で流行した感染症

19世紀、世界各地の戦場で流行した感染症に、発疹チフスがありました。「発疹チフス」は、シラミによって病原体が運ばれる感染症です。寒い山岳地帯で起こりやすく、飢えによる栄養失調や不衛生な環境、「密」の状態下で流行しやすいといわれています。

発症すると高熱が出て意識のない状態になり、そのぼんやりしたようすから「煙のかかった」「ぼんやりした」という意味のギリシャ語が語源となり、英語で「typhus」、日本語で「チフス」となったといわれています。

感染症が原因でほろんだといわれるインカ帝国のマチュピチュ遺跡。

ナポレオンも発疹チフスにはかなわなかった

　1812年、フランスの皇帝ナポレオン1世がロシアへ遠征。そのとき、フランス軍は、発疹チフスの流行で兵力が弱まっていました。

　60万人だった軍勢はロシアへ進むあいだに減りつづけ、ロシアに入るころには13万人、モスクワに着いたときには9万人となっていました。

　なお、ナポレオンのロシア遠征は、ロシアのきびしい寒さを敵にたとえ、「冬将軍に敗れた」といわれることがあります。しかし実際には、ナポレオンの敵は、ロシア軍でも冬将軍でもなく、発疹チフスだったのです。

もっとくわしく
発疹チフス

　高熱が出たあと、数日で体に発疹があらわれる。それとともに頭痛、皮ふのただれ、せん妄（幻覚が見えたり、意識が混乱したりする）、顔が黒ずんではれる、悪寒、力が入らないなど、さまざまな症状があらわれる。

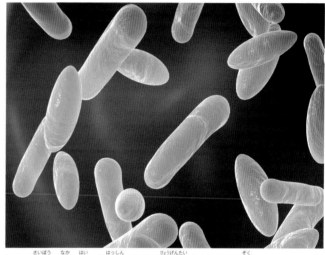

ヒトの細胞の中に入った発疹チフスの病原体（リケッチア属）。

ナポレオン軍は食糧不足、寒波、感染症などの影響で兵力が激減し、ロシアから撤退した。

10 20世紀に入って

20世紀に入ると、スペインかぜが流行。当時約18億人だった
世界人口の3分の1の6億人が感染したといわれています。
その背景には、第一次世界大戦がありました。

死者数は戦死者よりも多い

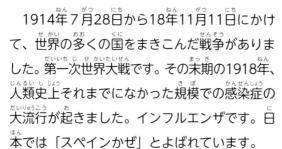

1914年7月28日から18年11月11日にかけて、世界の多くの国をまきこんだ戦争がありました。第一次世界大戦です。その末期の1918年、人類史上それまでになかった規模での感染症の大流行が起きました。インフルエンザです。日本では「スペインかぜ」とよばれています。

でも、かぜのような軽い病気ではありませんでした。中世のペストの流行になぞらえて「20世紀の黒死病」とよばれたほど、おそろしい感染症でした。死者は、世界で4000万人とも5000

万人ともいわれ、日本でも40万人近い人が亡くなったといわれています（日本の感染者数ははっきりわかっていない約2400万人）。

戦争に参加していた多くの国の兵士が感染し、戦闘ができないほどの状態になりました。このため、第一次世界大戦を終結させたのは、スペインかぜだったといわれるほどです。結局、第一次世界大戦の戦死者の合計1600万人よりはるかに多い人が、スペインかぜで死亡しました（戦死者のなかにも多くのスペインかぜによる死者がふくまれている）。

なお、各国とも自分の国の兵士が感染していることをかくしていましたが、当時中立国だったスペインは情報をかくさないで公表していました。そのため、スペインでおそろしい感染症が大流行しているとして、「スペインかぜ（スペインインフルエンザ）」と命名されることになったのです。

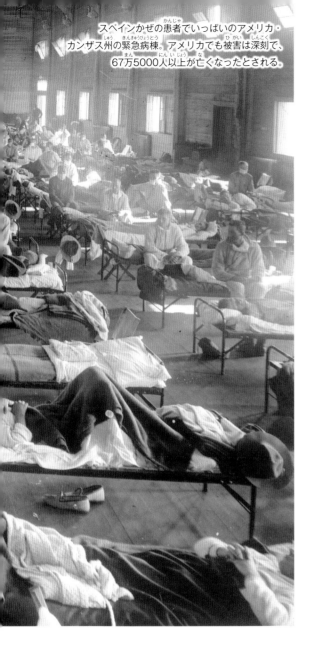

スペインかぜの患者でいっぱいのアメリカ・カンザス州の緊急病棟。アメリカでも被害は深刻で、67万5000人以上が亡くなったとされる。

第一次世界大戦中のもうひとつの感染症

　1914年にはじまった戦争の最中、ロシアでは、ロシア革命が起こりました。その指導者ウラジーミル・レーニンが語った「社会主義が勝つか、シラミが勝つか」は、当時ロシアで流行していた感染症についてのもの。じつは、ロシアでは、スペインかぜとは別の感染症に苦しめられていたのです。その感染症とは、発疹チフスでした。第一次世界大戦中の1914〜1918年には、ロシア軍の3000万人が発疹チフスを発症し、その10%が死亡したといわれています。

　ロシアは、そのおよそ100年前にナポレオンの軍隊に攻めこまれたとき、発疹チフスのおかげでナポレオン軍を撃退した結果となりました。第一次世界大戦のときには、スペインかぜとともに発疹チフスにも攻められていたことになります。

　なお、発疹チフスは第二次世界大戦（1939〜1945年）のときにも、マラリア（→p13）とともに世界的に大流行しています。

第一次世界大戦のパリ講和会議中、アメリカ合衆国ウィルソン大統領（写真右はし）がスペインかぜに感染。大統領の不在の会議で、ドイツに巨額の賠償を求めることで合意。これが、ナチスドイツの台頭、ひいては第二次世界大戦につながったといわれている。すなわち、第一次世界大戦を終わらせる一因になったスペインかぜが、第二次世界大戦勃発に影響したということになる。

⑪ いよいよ21世紀

インフルエンザの大流行が20世紀に4回ありましたが、
21世紀に入りまた発生（2009年）。その後も、
ことなるウイルスの型による流行が発生しています。

新型インフルエンザとは

「インフルエンザ」は、インフルエンザウイルスによって起こる感染症です。インフルエンザの世界的大流行の記録は1800年代からありましたが、20世紀には次の4回が確認されています。

- 1918－21年　スペインインフルエンザ（スペインかぜ）H1N1亜型

- 1957－58年　アジアインフルエンザ（アジアかぜ）H2N2亜型

- 1968－69年　香港インフルエンザ（香港かぜ）H3N2亜型

- 1977年　ソ連インフルエンザ（ソ連かぜ）H1N1型

これらに次いで2009年、「豚インフルエンザ」が発生。もともと豚インフルエンザは、豚に感染するあらゆる型のインフルエンザのこと。ところがこのとき、豚インフルエンザがヒトに感染する新型インフルエンザウイルスとなって、世界的に流行したのです。ウイルスの型はH1N1で、スペインかぜと同じでした（スペインかぜは、鳥に感染する鳥インフルエンザが変異したもの）。

「新型インフルエンザ」とは、ヒトからヒトへ感染する能力を新たに獲得したインフルエンザウイルスによって引きおこされるインフルエンザのことです。

●2009年の新型インフルエンザのパンデミック

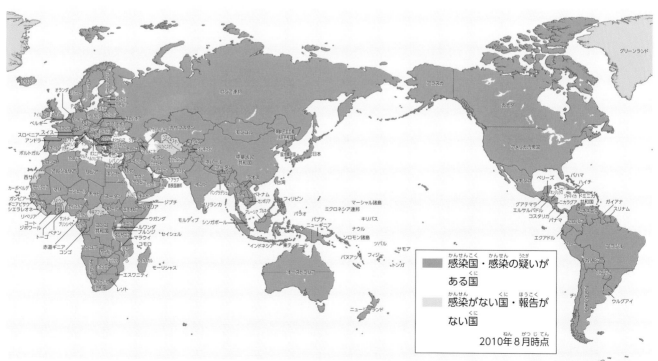

| | 感染国・感染の疑いがある国 |
| | 感染がない国・報告がない国 |

2010年8月時点

出典：世界保健機関（WHO）資料

季節性インフルエンザ

　新型インフルエンザに対し、「季節性インフルエンザ」とよばれるものがあります。これは、北半球と南半球で、それぞれの冬のあいだに、また熱帯地方では年間を通じて、流行が見られるインフルエンザのことです。ウイルスは、A型、B型、C型の大きく3つに分かれます。このうち流行を引きおこすのは、A型とB型で、とくにA型ウイルスが大流行を引きおこします。

　なお、新型インフルエンザは、ヒトのあいだに広がりつづけると、ヒトがそのウイルスに対する免疫をもつようになります。すると、それはすでに新型インフルエンザではなくなり、季節性インフルエンザとなるのです。2009年の新型インフルエンザも、今では季節性インフルエンザとなっています。

水鳥の
インフルエンザウイルス

　「インフルエンザ」「鳥インフルエンザ」「豚インフルエンザ」「新型インフルエンザ」はどれも、インフルエンザウイルスによって引きおこされます。インフルエンザウイルスのA型、B型には、「亜型」とよばれる型がいくつかあるのが特徴です。

　カモなどの水鳥は、A型インフルエンザウイルスのすべての亜型に感染します。しかし、A型ウイルスは水鳥には無害で、水鳥はインフルエ

水鳥には
感染するけど、
病気にはしないよ。

　季節性インフルエンザのウイルスに対しては、ほとんどの人が免疫をもっている（生まれてから一度もインフルエンザにかかったことのない子どもをのぞく）。毎年およそ人口の10〜20％程度がかかるといわれている。感染し症状が出たとしても、発熱は数日続くだけで、多くの場合にはまもなく回復する。それでも、ほかに病気がある人などが感染すると、重篤になることがある。

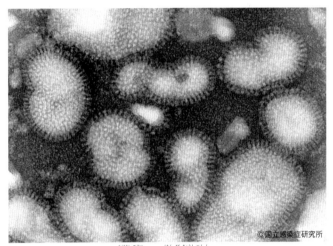

©国立感染症研究所

インフルエンザウイルス（H3N2）の顕微鏡写真。

　ンザを発症しません。これは、ウイルスが水鳥の体内でずっと生きていけるように、長い時間をかけて水鳥に適応してきたからです。それで、水鳥は全種類のA型ウイルスを体内にもっているのです。

　ところが、水鳥のふんなどから、ほかの鳥や動物にウイルスが感染すると、その集団のなかで感染がくりかえされるようになります。そして、そのうちに病原性をもつインフルエンザウイルスになることがあるのです。つまり、インフルエンザにはいろいろな型がありますが、もとをたどれば鳥インフルエンザから枝分かれしたと考えられるのです。2009年の新型インフルエンザも、鳥から豚を経由して新型インフルエンザになったと考えられています。

12 新興感染症・再興感染症

「新興感染症」は、新しく出現した感染症のこと。
また、「再興感染症」は、一時期発現が減少したけれど、
ふたたび猛威をふるうようになったものです。

次つぎにあらわれる新しい感染症

近年、世界で問題になっているのが新興感染症です。その存在が知られるたびに、人びとは恐怖にさらされてきました。下は、ウイルスを病原体とする新興感染症です。

AIDS（後天性免疫不全症候群）、ノロウイルス感染症、ロタウイルス感染症、成人T細胞白血病（ATL）、ウイルス性肝炎、ジカ熱、2009年新型インフルエンザ、鳥インフルエンザ、エボラ出血熱、重症急性呼吸器症候群（SARS）、中東呼吸器症候群（MERS）、2019年新型コロナウイルス感染症（COVID-19）など。

これらのうちAIDSは、現代の「三大感染症」(→P30) の1つといわれ、その制圧が人類の目的になっています。

また、鳥インフルエンザは、鳥からヒトへ感染し、さらにヒトからヒトへと感染するようになることがおそれられています。

2002年のSARS、2012年のMERS、2019年に世界ではじめて確認された新型コロナウイルス感染症（COVID-19）は、すべてコロナウイルスという病原体によるもの。その感染拡大と毒性の強さは、現代の人びとに恐怖をあたえました。

そして2020年現在、COVID-19が、かつてのペストやスペインかぜのおそろしさを世界の人びとに思いおこさせています。

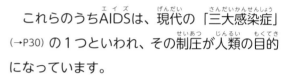

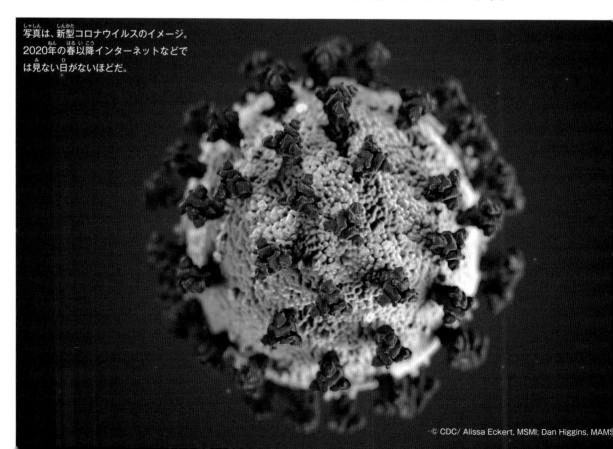

写真は、新型コロナウイルスのイメージ。2020年の春以降インターネットなどでは見ない日がないほどだ。

再興感染症

　新しく人類の前に出現した感染症のおそろしさもさることながら、次のような再興感染症の反撃も深刻になっています。

　結核、マラリア、デング熱、狂犬病、黄色ブドウ球菌感染症など。

　これらの感染症が再興した理由としては、病原体の強毒化や、耐性菌（抗菌薬に強い菌）の増加などがあげられています。

人類のおごり

　この本の５ページに「感染症を引きおこす病原体は、人類の歴史よりもはるか昔、地球上に生命が誕生して以来、生物の進化とともに存在しつづけてきました」と記しました。このことは、新興感染症や再興感染症にもいえることなのです。

　あとから地球を支配した人類は、今なお森林を切りひらいて「開発」を進めています。そし

て、そこで人類がそれまで知らなかった病原体と出あうことになります。エボラ出血熱（→２巻）などがその例です。

　また、生の食品や輸入食品、自然食品などを食べることで、知らないうちに病原体を体に入れているかもしれません。人類が、今後も地球を「開発」しつづければ、また新たな病原体に遭遇することになります。

　また、人類がいったん病原体をおさえこんだとしても、病原体がより毒性の強いものに変化して、再興感染症として出現してくるのです。

人類は地球に対し、
自然に対しもっと謙虚にならないと、
感染症の攻撃を受け、
人打撃を受けるかもしれません。
どのくらいの打撃となるかは、
歴史が教えてくれています。

伝染病シミュレーションゲーム「Plague Inc.」の画面。伝染病を世界中にまん延させて人類を滅亡へ導くというものだ。開発元はイギリスのNdemic Creationsで、2012年に発売された。それが、2020年新型コロナウイルスの感染の広がりのなかで、世界的ヒット。中国では2020年１月21日に、アメリカでは１月23日に、それぞれiPhoneアプリとしてダウンロード数１位になったという。この事実を、どう考えればよいのだろうか？

パンデミックと三大感染症

「パンデミック」は、世界的大流行のことで、「三大感染症」とは、AIDS・結核・マラリアのことです。

パンデミック

「パンデミック（Pandemic）」は、ある感染症（伝染病）の全世界的な大流行をあらわす語です。語源はギリシャ語の pandēmos（pan「すべて」dēmos「人びと」）で、「（病気が）全世界的に広がること」を意味します。

三大感染症の患者数

外務省によると、世界中の患者数は、次のとおりです。

HIV／AIDS
- 世界のHIV／AIDS感染・患者総数　3330万人
- 年間新規HIV感染者数　260万人
- 2009年の年間AIDS死亡者数　180万人
　（2010年UNAIDS統計）

結核
- 年間発病者数　約940万人

新型コロナウイルス感染症が世界に拡大したことを受け、「パンデミック」を宣言するWHO（世界保健機関）のテドロス事務局長。

写真：新華社／アフロ

- 年間死亡者数　約170万人
　（2010年WHO世界結核対策報告書）

マラリア
- 年間患者数　2億2500万人
- 年間死亡者数　約78万人
　（2010年WHO世界マラリア報告書）

もっとくわしく

HIVとAIDS

一般的に日本では、「HIV」と「AIDS」は混同されているが、正確には次の意味だ。

HIV：AIDSを引きおこす病原体（ウイルス）。

AIDS：「後天性免疫不全症候群」の略称で、HIVに感染した人が、免疫が低下した結果、発症する病気の総称。治療薬が進歩し、HIVに感染しても早期に服薬すれば通常の生活を送ることが可能になった。それでも、2017年の時点で180万人が新たにHIVに感染し、世界全体では3690万人（成人3510万人、子ども180万人）がHIVとともに生きている。なお、結核がHIV感染者の死亡の第一原因で、2016年にはHIV感染者の死因の40%が結核だった。

●HIVとは

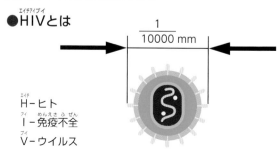

H－ヒト
I－免疫不全
V－ウイルス

さくいん

■監修

山本 太郎（やまもと たろう）

1964年生まれ。長崎大学熱帯医学研究所・
国際保健学分野 教授。
著書：『感染症と文明―共生への道』（岩波新書）など多数。

■著者

稲葉 茂勝（いなば しげかつ）

1953年生まれ。子どもジャーナリスト
（Journalist for Children）。
著書：『SDGsのきほん　未来のための17の目標』全18巻
（ポプラ社）など多数。

■編集

こどもくらぶ（石原尚子、根本知世）
あそび・教育・福祉・国際理解の分野で、子どもに関する書籍を企画・編
集している。

この本の情報は、特に明記されているもの以外は、
2020年7月現在のものです。

■デザイン

こどもくらぶ
佐藤道弘

■企画制作

(株)今人舎

■写真協力

国立感染症研究所
© Vivilweb ¦ Dreamstime.com
© Nadzeya Varovich-123R
© The Leprosy Mission International
© Osama Shukir Muhammed
　Amin FRCP(Glasg)
© Kleuske
© Roger Culos
© Arild V gen
© Wellcome Collection
© Martin St-Amant
© Anastasiia Korotkova ¦
　Dreamstime.com

［表紙写真］
「生命誌絵巻」
原案：中村桂子
協力：団まりな
画：橋本律子
提供：JT生命誌研究館

ウイルス・感染症と「新型コロナ」後のわたしたちの生活　①人類の歴史から考える！

2020年9月20日　初 版

NDC493　32P　28 × 21cm

監　　修　山本 太郎
著　　者　稲葉 茂勝
編　　集　こどもくらぶ
発 行 者　田所 稔
発 行 所　株式会社 新日本出版社
　　　　　〒151-0051　東京都渋谷区千駄ヶ谷4-25-6
　　　　　電話　営業03-3423-8402　編集03-3423-9323
　　　　　メール　info@shinnihon-net.co.jp
　　　　　ホームページ　www.shinnihon-net.co.jp
振　　替　00130-0-13681
印　　刷　亨有堂印刷所　　製本　東京美術紙工

落丁・乱丁がありましたらおとりかえいたします。
©稲葉茂勝 2020
ISBN 978-4-406-06495-8　C8345
Printed in Japan

ウイルス・感染症と「新型コロナ」後のわたしたちの生活

全6巻

監修／**山本太郎** 長崎大学熱帯医学研究所国際保健学分野教授

著／**稲葉茂勝** 子どもジャーナリスト Journalist for Children

NDC493　各32ページ

『ウイルス・感染症と「新型コロナ」後のわたしたちの生活』